Social Media Marketing

für Unternehmer

Dieses Buch gehört

EINLEITUNG

Liebe Leserin, lieber Leser,

die verschiedenen Social Media Plattformen bieten großes Potenzial für dein Unternehmen. Möchtest du als Unternehmer jedoch wirklich langfristig Erfolg in den sozialen Netzwerken haben, benötigst du ein durchdachtes Konzept und eine individuelle Social Media Strategie. Und genau das erarbeiten wir Schritt für Schritt zusammen in diesem Buch. Kurz und knapp gebe ich dir die wichtigsten Grundlagen des Social Media Marketings für Unternehmer an die Hand. Dieses Buch ist kein Theoriegeplänkel, sondern basiert auf meiner Praxiserfahrung. Ich verspreche dir auch nicht 10k Follower über Nacht. Social Media Marketing erfordert Zeit und Geduld. Beherzigst du jedoch alles, was ich im Buch beschreibe, so werden aus deinen Followern Kunden. Im Buch findest du verschiedene Bereiche, welche als Aufgabe gekennzeichnet sind. Diese solltest du bearbeiten. Hast du die Aufgaben erledigt kannst du diese abfotografieren oder einscannen und mir per Mail an *buch@carmenlichtenberg.de* senden. Ich gebe dir einmalig ein Feedback zu deinen Aufgaben. Bitte sende mir erst eine Mail wenn du alle Aufgaben, die du einsenden möchtest, abgearbeitet hast. Nur so kann ich deine Arbeit ganzheitlich bewerten und dir ein Feedback geben, von dem du profitierst. Fragen, die sich nicht explizit auf die Aufgaben beziehen, werden innerhalb des Feedbacks nicht beantwortet. Gerne kannst du mich für eine Telefon-Beratung buchen, in welcher ich dir deine sonstigen Fragen beantworte. Zusätzlich findest du im Buch zwei Bereiche zur Wochenplanung. Hier kannst du jeweils für drei Monate deinen Content planen und das Gelernte in die Tat umsetzen.

Hast du Anmerkungen oder Vorschläge zu diesem Buch? Ich freue mich über deine Rückmeldung.

Deine Carmen Lichtenberg

INHALT

WER BIST DU UND WAS MACHST DU?

Bevor wir loslegen, erzähle mir doch kurz etwas über dich. Möchtest du mir später Aufgaben zusenden, schicke bitte immer diese Seite mit, damit ich ein grobes Bild von dir und deinem Unternehmen bekomme.

Wie heißt du?

....

Wie alt bist du?

....

Was für ein Business betreibst du? Erzähl mir von deinem Produkt, deiner Marke oder deiner Dienstleistung und deiner Vision.

....

....

....

....

....

....

....

DIE WICHTIGSTEN SOCIAL MEDIA PLATTFORMEN

Facebook, Instagram, Snapchat, Twitter oder ein ganz anderes soziales Netzwerk? Sicher fragst du dich, welcher Social Media Kanal für dich und dein Unternehmen geeignet ist? Ich gebe dir einen Überblick über die wichtigsten Social Media Plattformen.

Facebook

Facebook ist nach wie vor das größte Social Network. Die Plattform, gegründet im Jahre 2004 von Mark Zuckerberg, hat einen unfassbaren Wachstum hingelegt. Immer häufiger wird behauptet, dass Facebook „auf dem absteigenden Ast" ist. An manchen Stellen mag das auch stimmen. Trotzdem kann sich eine Unternehmensseite auf Facebook lohnen. Besonders Unternehmen, welche nicht ausschließlich eine junge Zielgruppe haben, sollten auf Facebook setzen, um eine breite Zielgruppe ansprechen zu können. Ich persönlich schätze zudem die zahlreichen Features und Möglichkeiten von Facebook sehr, welche sich in diesem Maße in keinem anderen Social Media Netzwerk finden. Allerdings sollte eines vorab klar sein: Musst du deinen Kanal zunächst aufbauen, so solltest du regelmäßig etwas Geld in die Hand nehmen und gezielte Werbeanzeigen schalten, um deine Reichweite zu vergrößern und neue Follower zu gewinnen.

Instagram

Oft heißt es, dass die Produkte „instagramtauglich" sein müssen, um auf diesem Social Media Kanal erfolgreich zu sein. Das sehe ich nicht so. Mit etwas Kreativität, kann jedes Unternehmen seinen Content schön inszenieren und in dem Bildernetzwerk Aufmerksamkeit erregen. Besonders bei Jugendlichen und jungen Erwachsenen ist das soziale Netzwerk ausgesprochen beliebt. Das Beste an Instagram: Kein anderer Kanal hat eine so hohe Interaktionsrate, da auf Instagram wirklich überdurchschnittlich viel geliked und kommentiert wird. Dies macht es dir natürlich leichter, dich und dein Unternehmen bekannt zu machen. Planst du in der Zukunft eine Influencer Kampagne, so solltest du auf jeden Fall auf Instagram setzen, da dies die Influencer Plattform überhaupt ist.

Pinterest

Pinterest ist keine Social Media Plattform im herkömmlichen Sinne, sondern mehr eine digitale Pinnwand, welche ausschließlich auf Bildinhalte ausgelegt ist. Ansprechendes Bildmaterial ist hier das A und O. Bist du mit deinem Unternehmen in der Lifestyle, Beauty und Fashion Branche unterwegs, ist Pinterest der perfekte Kanal für dich. Da jeder Pin, wie die Bilder genannt werden, mit dem Link zur Webseite versehen wird, hast du eine Traffic-Garantie. Pinterest hat eine hohe Klickrate, bringt dir Besucher auf deine Webseite und lässt deine Conversion-Rate durch die Decke gehen. Auch für Online-Shop Besitzer ist der Kanal interessant, da sich Produkte mit dem Shop-Link verknüpfen lassen.

Twitter

Bist du in einer schnelllebigen Kommunikationsbranche tätig und möchtest erfolgreiches Echtzeit-Marketing betreiben? Dann bist du bei Twitter richtig. Bedenke aber, dass du deine Follower regelmäßig und mit aktuellen Inhalten bedienen musst. Möchtest du regelmäßig Journalisten erreichen, so kann sich ein Twitter Kanal rentieren. Für die breite Masse ist das soziale Netzwerk jedoch eher nicht geeignet.

Snapchat

Auch wenn sich der Hype um den Social Media Neuling etwas gelegt hat, gehört das Netzwerk nun fest in die Social Media Welt. Die Snapchat-User sind meist unter 18 Jahren. Ist das deine Zielgruppe, so kannst du sie über Snapchat leicht erreichen. Storytelling wird hier über Bilder und Videos betrieben.

YouTube

Die größte Videoplattform weltweit setzt ganz klar auf Bewegtbild. Nach Google ist YouTube die größte Suchmaschine der Welt und bietet enormes Potenzial für Unternehmen, welche interessanten Video-Content produzieren können. Ein großer Vorteil: YouTube-Videos können auch in anderen Networks eingebunden werden. Möchtest du mit deinem Unternehmen auf YouTube durchstarten, muss dir jedoch bewusst sein, dass das Videomaterial absolut hochwertig sein muss. Dies erfordert materielle Investitionen und Zeit für die Umsetzung.

LinkedIn

Du bist international tätig, brauchst ein großes Netzwerk und profitierst von beruflichen Kontakten? Dann solltest du dir ein LinkedIn Profil anlegen. Hier liegt der Schwerpunkt auf dem Netzwerken. Besonders Führungskräfte sind hier sehr viel vertreten, sodass du diese leicht erreichen und Kontakt knüpfen kannst.

XING

XING ist ein Karrierenetzwerk für den deutschsprachigen Raum. Brancheninfos, Austausch, Networking, passende Events oder Konferenzen sind hier zu finden. Besonders Freiberufler können hier eine gute Basis schaffen, um neue Projekte an Land zu ziehen. Allerdings sollte die Premium Version in Anspruch genommen werden, um wirklich alle Funktionen nutzen zu können.

Messenger

Messaging-Apps wie Facebook Messenger oder WhatsApp sind extrem beliebt und ein oft unterschätzter Marketingkanal. Klassisches E-Mail Marketing war gestern, Messenger-Marketing ist die Zukunft. Deine Inhalte landen direkt und ohne Umweg auf dem Display deiner Zielgruppe. Die Öffnungs- und Klickraten sind beim Messenger-Marketing deutlich höher als beim klassischen E-Mail Marketing. Besonders für den Kundensupport und das Servicemarketing eignen sich Messenger hervorragend. Möchtest du Messenger-Marketing für dein Unternehmen nutzen, so brauchst du jedoch ein gut durchdachtes Konzept. Denke bitte auch an die DSGVO!

Blogs

Blogs bieten eine tolle Plattform, um persönlich über das eigene Unternehmen, die Entwicklungen oder die Produkte zu berichten. Interessierte Kunden finden hier eine Anlaufstelle, um sich umfassend zu informieren. Über die Kommentarfunktion kannst du wunderbar mit deiner Community kommunizieren, Fragen beantworten und Feedback sammeln. Schreibst du zum Beispiel regelmäßig Blogartikel, die dem Leser einen echten Mehrwert bieten, so kannst du nicht nur zeigen, was du drauf hast, sondern auch gleich Kunden akquirieren und an dich binden.

DEINE SOCIAL MEDIA PLATTFORMEN

Hier kannst du festlegen, welche Social Media Plattformen du in Zukunft bespielen wirst. Ich empfehle dir, dies erst festzulegen, wenn du die Kapitel „Zielgruppe" und „Allgemeine Ziele" bearbeitet hast. Im Buch werde ich den Schwerpunkt auf die Kanäle Facebook und Instagram legen, da diese für die meisten Unternehmer am interessantesten sind.

Folgende Fragen solltest du dir stellen, bevor du entscheidest, welche sozialen Netzwerke du für dein Business nutzen möchtest:

Auf welchen Kanälen befindet sich deine Zielgruppe?

....

Welche Kanäle passen zu dir, deinem Unternehmen und deiner Branche?

....

Welche Ziele hast du und mit welchen Kanälen kannst du diese verwirklichen?

....

Wie viel Zeit und Aufwand bist du bereit in deine Kanäle zu investieren?

....

Deine Social Media Plattformen werden...

....

....

ALGORITHMUS

Bestimmt hast du den Begriff Algorithmus schon einmal gehört, vielleicht verbindest du ihn sogar mit einem negativen Gefühl. Immer wieder höre ich, dass der böse Algorithmus Schuld daran hat, dass die eigene Reichweite in den sozialen Netzwerken nach unten gegangen ist. Das kann ich so nicht unterschreiben. Aber die Aussage macht deutlich, wie wichtig es für dich ist, den Algorithmus und somit auch Social Media zu verstehen. Doch fangen wir einmal von vorne an:

Was macht der Algorithmus?

In jeder Sekunde werden Millionen Inhalte in den sozialen Netzwerken hochgeladen. Diese ganze Flut an Content muss natürlich auch irgendwie gesteuert werden, damit jeder User für sich relevanten Content in seinem Feed sieht. Und genau das ist die Aufgabe des Algorithmus: Er hilft dabei Daten auszuwerten und entscheidet, welche Inhalte für jeden einzelnen relevant sind. So werden zum Beispiel soziale Interaktionen gemessen und ausgewertet. Wie genau der Algorithmus funktioniert, weiß (kaum) jemand, zumal er ständig verändert wird. Der Facebook Algorithmus und der Instagram Algorithmus sind zum Beispiel grundverschieden, auch wenn sie sich auf den ersten Blick stark ähneln. Auf Instagram bekommst du wirklich nur Inhalte von Personen oder Unternehmen denen du folgst angezeigt (abgesehen von Werbekampagnen). Auf Facebook hingegen siehst du auch Inhalte von fremden Personen, wenn zum Beispiel Freunde von dir mit dem Inhalt interagieren. Auf Instagram kannst du zum Beispiel, wenn du lange genug scrollst, wirklich alle veröffentlichten Beiträge deiner Abonnements sehen, auf Facebook ist dies nicht möglich.

Facebook Algorithmus

Folgende drei Faktoren bestimmen bei Facebook die Sichtbarkeit eines veröffentlichten Beitrags:

Affinität — Welche Beziehung besteht zwischen Absender und Empfänger? Wie sehr ist der Nutzer an dir interessiert? Wie stark und wie häufig steht ihr miteinander in Kontakt?
Gewichtung — Welche Art von Content wurde gepostet? Wie viele Interaktionen hat der Beitrag? Wie oft und wie schnell wurde er geliked, kommentiert, geteilt etc.?
Zeit/Aktualität — Wie viele Beiträge sieht der Nutzer? Wie oft ist er online? Wie viel Zeit verbringt er auf Facebook?

Instagram Algorithmus

Der Instagram Algorithmus sortiert nach folgenden drei Punkten:

Interesse — Wie wahrscheinlich ist es, dass dich der Inhalt interessiert?
Beziehung — Welche Verbindung besteht zwischen Sender und Absender? Wie oft wird miteinander interagiert?
Aktualität — Wie aktuell ist der Post? Neue Postings werden bevorzugt.

Was bedeutet der Algorithmus für deine Social Media Arbeit?

Zunächst einmal ist es wichtig, dass du den Algorithmus wirklich kennst und verstehst. Nur dann weißt du auch, wie Social Media ticken und wie du in der digitalen Welt Aufmerksamkeit bekommst. Grundsatz eines sozialen Netzwerkes ist der Austausch mit anderen Personen und der Beziehungsaufbau zu deiner Community. Du musst super Inhalte liefern, damit die User mit diesen interagieren. Nehmen wir mal an, dass du ein großes Gewinnspiel gestartet und dadurch 1.000 Follower gewonnen hast. Diese haben deine Seite aber nur geliked, um eine Chance auf den tollen Gewinn zu haben. Eigentlich interessieren sie sich überhaupt nicht für deine Themen und interagieren in Zukunft auch nicht mit deinen Inhalten. Dies registriert der Algorithmus sehr schnell und spielt die Inhalte diesen Followern nicht mehr oder nur noch sehr selten aus. Demnach ist deine Reichweite, trotz der vergrößerten Followeranzahl, nicht gestiegen. Womit wir bei dem Thema wären, dass du die richtigen Follower benötigst (dazu später mehr). Verstehst du den Kreislauf? Das Thema Algorithmus könnte ein eigenes Buch füllen, da es so komplex ist. Zahlreiche Faktoren beeinflussen die Feeds in den sozialen Netzwerken. Wichtig ist, dass du weißt worauf es ankommt, damit du möglichst oft und weit oben im Feed angezeigt wirst. Die Grundlagen dafür bekommst du in diesem Buch.

Interaktionen sind der Schlüssel zum Erfolg in den sozialen Netzwerken.

MEHRWERT

Beschäftigst du dich mit dem Thema Social Media Marketing, so wirst du immer wieder auf den Begriff „Mehrwert" stoßen. Und das aus gutem Grund: Mehrwert ist einer der größten Schlüssel zu deinem Erfolg auf Social Media. Postest du guten Content mit Mehrwert, wirst du neue Follower gewinnen, eine hohe Interaktionsrate verzeichnen und letztendlich neue Kunden an Land ziehen.

Platte Werbung ist kein Mehrwert!

„Produkt XY, 29,90 Euro, heute neu eingetroffen." Solche Texte werden dir auf Social Media immer wieder begegnen. Ab sofort wirst du bei solchen Posts wissend lächeln und es besser machen. Denn was genau hat der User von einem solchen Post? Nichts! Platte Werbung ist kein Mehrwert. Generell solltest du dich schnell von dem Gedanken verabschieden, dass du auf Social Media (offensichtlich) für deine Produkte werben kannst. Richtest du deine Strategie hauptsächlich darauf aus, so wirst du keinen Erfolg haben. Im Gegenteil: Viele User werden dies negativ auffassen, da sie auf Social Media keine platte Werbung sehen möchten.

Warum ist der Mehrwert so wichtig?

Schaffst du es, dass du deinen Followern Mehrwert bietest, dich als ihr Problemlöser positionierst und den Nutzen deines Produktes vermittelst, so werden sie dir vertrauen. Mit dem Vertrauen kommt der Rest von ganz alleine und dein Follower wird zu deinem Kunden. Sehe die sozialen Netzwerke bitte auf keinen Fall als kostenlose Verkaufsplattform, sondern mehr als ein soziales Trittbrett. Natürlich musst du deine Produkte oder Dienstleistungen vorstellen, dies solltest du jedoch immer beiläufig und verbunden mit Mehrwert machen.

Frage dich vor jedem Post, ob dieser wirklich Mehrwert hat. Du hast es heute mal eilig, möchtest deinen Kanal trotzdem bespielen und mal schnell ein Foto deines Mittagessens hochladen? Lass es! Solche Posts haben keinen Mehrwert. In dem Falle wäre es besser, wenn du keinen Post erstellst und dir am nächsten Tag etwas mehr Zeit nimmst, um dann einen tollen Post mit Mehrwert hochzuladen. Hier gilt ganz klar: Qualität vor Quantität!

Überlege dir schon einmal, welchen Mehrwert du deinen Followern auf Social Media bieten kannst. Was möchten deine Follower sehen? Welche Themen beschäftigen sie? Welche Probleme haben sie? Das Kapitel „Zielgruppe" und deine Zielgruppenanalyse werden dir später dabei helfen, passenden Content mit Mehrwert zu finden.

**Merke:
Es lohnt sich, wenn du deiner Community kostenlos etwas gibst, zum Beispiel ein Teil deines Wissens. Trete ruhig in Vorleistung, dies wird sich später auszahlen.**

FOLLOWER

Wünschst du dir auch ganz viele Follower und schaust neidig auf andere Unternehmensseiten mit tausenden oder sogar hunderttausenden Followern? Ich kann dich verstehen. Aber lass dir gesagt sein: Follower sind nicht alles. Warum dem so ist, hast du bereits im Kapitel Algorithmus gelesen.

Wer zum ersten Mal ein Social Media Profil besucht, schaut natürlich sehr schnell auch auf die Followerzahl. Doch ob ein Profil für dich oder deine Kunden interessant sein könnte, hängt von viel mehr Faktoren ab. Ich möchte dich dazu auffordern, ein Profil ab sofort nicht nur nach seiner Followerzahl zu beurteilen. Jeder fängt mal klein an und hat eine Chance verdient. Betrachte das Profil ganzheitlich und nehme den Menschen dahinter wahr. Postet er interessanten Content? Wie viele Beiträge wurden bereits veröffentlicht? Wächst das Profil stetig? Und ganz wichtig: Interagiert derjenige mit seinen Followern? Stellt er Fragen und beantwortet er Kommentare?

Betrachtest du große Accounts einmal etwas genauer, wirst du feststellen, dass die hohe Followerzahl oft mehr Schein als Sein ist. Da finden sich unter einem Post eines Unternehmensprofils mit 10k nur eine Handvoll Kommentare. Oft nur nichtssagende Emojis oder allgemeine Floskeln nach dem Motto „Tolles Profil!". Was bringen einem Unternehmen solche Kommentare? Nichts. Unser Ziel sind echte Follower, die an dir und deinem Unternehmen interessiert sind. Genau diese Follower werden dann auch mit deinem Content interagieren und dein Unternehmen voranbringen. Sie geben dir Feedback, bewerten dich, stellen Fragen zu deinen Produkten etc. Nichts anderes brauchst du! Eine hohe Followerzahl sieht schön aus, ist aber nicht unbedingt der Schlüssel zu deinem Erfolg. Natürlich sollst du trotzdem groß denken. Auch du kannst 10k und mehr Follower bekommen – nur eben nicht über Nacht und nicht um jeden Preis. Aus diesem Grund empfehle ich dir auch dringend: Kaufe keine Follower und lass die Finger von diversen Strategien, um schnell Follower zu generieren. Du machst dir damit so viel kaputt.

DEINE FOLLOWER

Auf der nächsten Seite kannst du regelmäßig deine aktuelle Followerzahl eintragen. Ich empfehle dir, so ein- bis zweimal im Monat dein Kreuz zu setzen. Wundere dich nicht, wenn du immer wieder mal ein paar Follower verlierst. Besonders auf Instagram ist das ganz normal. Das sind in der Regel Bots, also computergesteuerte Maschinen, welche deinem Account folgen, in der Hoffnung, dass du ihnen ebenso folgst. Diese Bots ziehen ihr Like schnell wieder zurück, egal ob du ihnen folgst oder nicht. Generell sollten deine Follower natürlich sukzessive nach oben gehen. Ist dies nicht der Fall, musst du deine Strategie noch einmal überdenken. Sprichst du die richtige Zielgruppe an? Postest du regelmäßig Content mit Mehrwert? Interagierst du genug? Diese und weitere Punkte erarbeiten wir gemeinsam innerhalb dieses Buches.

INFOBOX

Kennst du schon die Nielsen-Regel? Sie besagt, dass 70 Prozent
der Social Media Nutzer nur beobachten und passiv zuschauen,
während 20 Prozent z. B. durch Kommentieren „mitmachen"
und nur 10 Prozent aktiv Inhalte produzieren.
Warum erzähle ich dir das? Weil du, genau wegen dieser Regel,
nicht enttäuscht sein sollst, wenn deine Inhalte
zu Beginn nicht übermäßig geliked, kommentiert oder geteilt werden.
Das ist ganz normal. Der Aufbau deiner Community braucht Zeit!
Nach rund 6 Monaten wirst du sehen, wie deine Community
deutlich wächst und immer mehr mit deinen Inhalten interagiert.

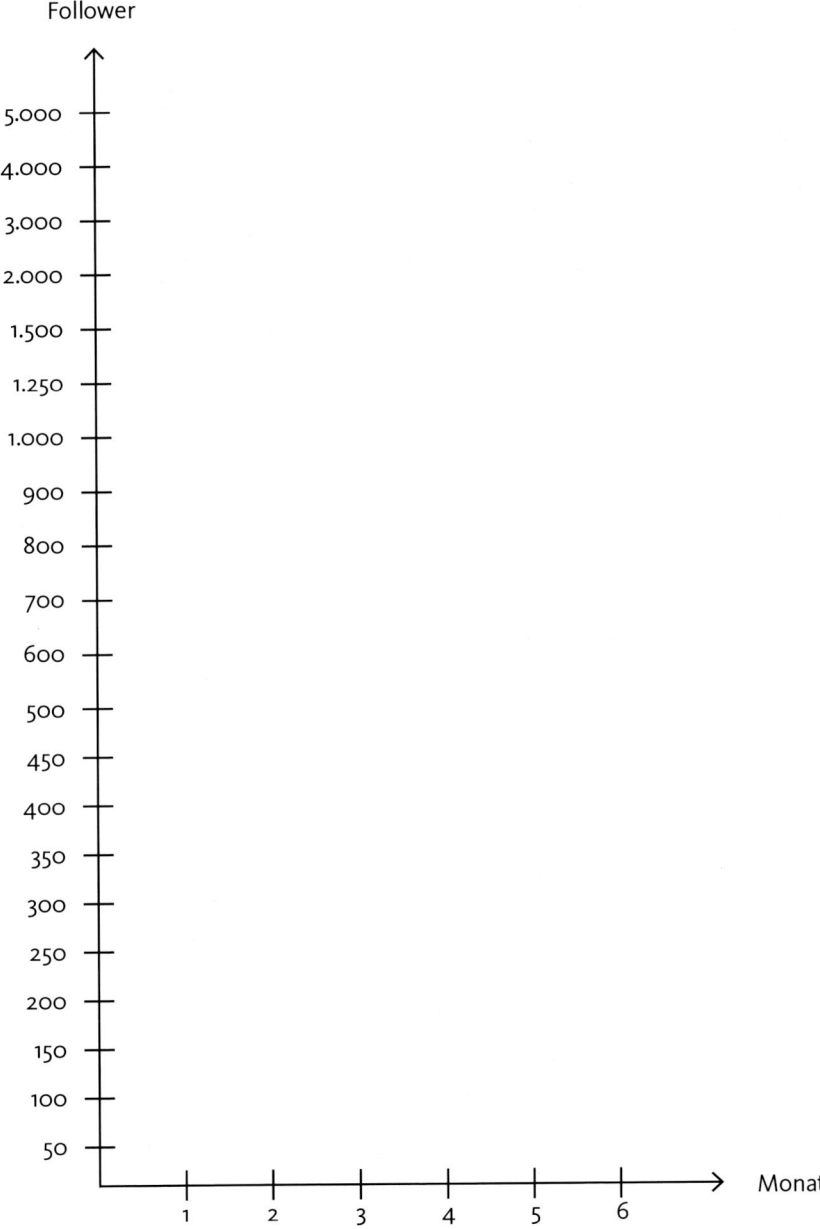

SO BAUST DU ECHTE FOLLOWER AUF

Doch wie baust du denn nun langfristig Follower auf, von denen du und dein Unternehmen profitieren?

Biete deinen Followern echten Mehrwert.

Warum der Mehrwert so wichtig ist, hast du bereits gelernt. Nun liegt es an dir herauszufinden, welchen Content deine Follower brauchen.

Interagiere mit deinen Followern und anderen Profilen.

Ein sehr wichtiger Punkt: das Interagieren. Deine Posts sollten immer mit einem Call-to-Action enden. Stelle Fragen, bitte um Meinungen oder lass deine Follower mit Fotos kommentieren. Entscheidend für deinen Erfolg auf Social Media ist auch, inwieweit deine Follower mit deinem Post interagieren, also ihn liken, teilen, kommentieren etc. Darauf warten macht wenig Sinn, rufe aktiv dazu auf. Ebenso wichtig: das Interagieren mit anderen Profilen. Finde deine Zielgruppe durch Facebook-Gruppen, Suchanfragen oder über Hashtags und interagiere mit deren Inhalten. Like Bilder oder kommentiere Posts. Meiner Erfahrung nach, hast du mit dem Kommentieren bessere Chancen, passende User auf dein Profil aufmerksam zu machen und deine Sichtbarkeit und Reichweite zu steigern. Hier musst du dir allerdings etwas Mühe geben. Nichtssagende und oberflächliche Kommentare nach dem Motto „Toller Post!" oder schnelle „Copy und Paste" Kommentare werfen eher ein schlechtes Licht auf dein Unternehmen. Mit etwas Übung wirst du merken, dass es gar nicht so schwierig ist, individuelle Kommentare auf fremden Profilen zu hinterlassen. Kommentiere generell mit mehr als fünf Wörtern und gehe auf das ein, was der Posterseller geschrieben hat.

Erarbeite deine Posts stets perfekt.

Mehr Infos zu diesem Thema findest du im nächsten Kapitel. Hier lernst du, was du generell beachten solltest.

Optimiere dein Profil.

Mehr Infos zu diesem Thema findest du im übernächsten Kapitel.

Sei kreativ, mutig und authentisch.

Geh deinen eigenen Weg in den sozialen Medien und hebe dich von der Masse ab. Sei kreativ und habe den Mut mal etwas komplett anderes zu machen. Sprenge übliche Sichtgewohnheiten, sei provokant und authentisch. Sei stets du selbst und zeige dich mit all deinen Facetten.

Erzähle eine Geschichte

Möchtest du die Aufmerksamkeit der User bekommen und diese nachhaltig beeindrucken? Dann nutze das Storytelling für dich und erzähle eine Geschichte. Wecke Emotionen, schaffe einen Helden, berichte von Krisen oder überrasche mit unerwarteten Handlungen. Im Web findest du zahlreiche Beispiele für gutes Storytelling. Lass dich hier inspirieren und erzähle dann deine eigene Geschichte.

Hinterfrage deine Arbeit regelmäßig und kritisch.

Führe dir stets vor Augen, für wen du deinen Kanal betreibst: für deine Zielgruppe. Ob dir dein Profil und der Content gefallen, ist vollkommen egal. Deiner Zielgruppe muss er gefallen und die zeigt das auch ganz deutlich. Verlasse dich auch nicht auf dein Gefühl, sondern schaue dir regelmäßig die klaren Fakten an: deine Zahlen. Worauf du hier achten musst, lernst du im Kapitel „Analysen".

Investiere regelmäßig Zeit.

Besonders die Regelmäßigkeit ist sehr wichtig. Im Buch wartet noch das Thema Redaktionsplan auf dich. In diesem wird festgelegt, was du wann machst. Halte dich nach Möglichkeit an deinen Plan!

Habe Geduld.

Nichts kommt von heute auf morgen. Harte Arbeit und die richtigen Maßnahmen werden sich jedoch auszahlen.

Vermarkte dein Profil außerhalb von Social Media.

Nutze all deine Möglichkeiten, um potenzielle Kunden und Bestandskunden auch außerhalb von Social Media auf dein Unternehmensprofil in den sozialen Netzwerken aufmerksam zu machen. Verlinke zum Beispiel dein Profil in deiner Mail-Signatur, hänge ein Schild in deinem Ladengeschäft auf, verweise auf deinem Kassenzettel auf dein Profil und verknüpfe deine Webseite mit deinem Kanal.

DAS SOLLTEST DU GENERELL BEACHTEN

Einige der nachfolgenden Punkte mögen für dich logisch und selbstverständlich sein. Trotzdem möchte ich sie dir noch einmal in Erinnerung rufen. Folgende Punkte solltest du stets generell beachten:

Achte auf deine Rechtschreibung.

Deine Texte sollten grammatikalisch immer korrekt sein. Grammatikfehler wirken einfach nicht professionell. Zeit für eine Rechtschreibprüfung oder Korrekturlesen muss sein!

Fotos und Videos nur in hoher Qualität.

Lädst du Fotos oder Videos in den sozialen Netzwerken hoch, achte bitte darauf, dass diese in hoher Qualität sind. Unscharfe oder verpixelte Bilder sind ein absolutes No Go. Videos solltest du immer in HD Qualität hochladen.

Texte immer mit Foto hochladen.

Auf Instagram kannst du ohne ein Bild gar keinen Post hochladen. Bei Facebook sieht das anders aus. Hier kannst du rein theoretisch auch nur einen Text posten. Ich empfehle dir allerdings immer einen Text zusammen mit einem Foto hochzuladen. In Verbindung mit einem Bild wird dein Text eine größere Reichweite erzielen.

Für jeden Kanal ein eigener Post.

Erstelle für jeden Kanal einen eigenen Post und deaktiviere das automatische Teilen von Instagram auf Facebook. Jeder Kanal benötigt seinen eigenen Content. Ein wichtiger Grund warum dem so ist, erfährst du im Kapitel „Hashtags". Desweiteren sehen die Facebook-User, dass der Post eigentlich von Instagram kommt, was meiner Meinung nach etwas lieblos wirkt.

Gleiche Ansprache deiner Follower.

Im übernächsten Kapitel widmen wir uns deiner Zielgruppe. Hier legen wir u.a. auch fest, wie du deine Zielgruppe in den sozialen Medien ansprechen wirst. Bleibe bitte bei deinem Stil und deiner Ansprache.

Verwaltung deines Kanals von mehreren Personen.

Wird dein Kanal nicht nur von dir, sondern von noch weiteren Personen (z.B. deinen Mitarbeitern) verwaltet und bespielt, solltest du vorab gewisse Richtlinien erarbeiten, an die sich jeder halten sollte. Halte in den sogenannten Social Media Guidelines alles fest, was dir wichtig ist und was erwünscht bzw. unerwünscht ist. Optimalerweise erarbeitest du dein Konzept zusammen mit deinen Mitarbeitern. So sind sie von Anfang an mit im Boot!

Zeige dich.

Deine Kunden interessieren sich nicht nur für dein Produkt oder deine Dienstleistung, sondern auch für den Menschen hinter dem Unternehmen. Unpersönliche Accounts ohne ein Gesicht dahinter, haben auf Social Media schlechte Karten. Oft reicht guter Content nicht aus um Kunden zu überzeugen und Interesse zu wecken. Also: Zeige dich regelmäßig mit all deinen Facetten in Form von Fotos oder Live-Videos. Besonders letzteres ist sehr gefragt und lässt deine Reichweite nach oben steigen. Du traust dich an Videos nicht ran und denkst, dass du vor der Kamera kein Wort heraus bekommen wirst? Versuch es doch einfach mal. Übung macht den Meister.

Richtig mit negativen Kommentaren umgehen.

Früher oder später wirst du auch mal negative Kommentare in den sozialen Netzwerken erhalten. Hab keine Angst davor. Wichtig ist, wie du damit umgehst. Ich bin ein Freund davon offen und freundlich auf solche Kommentare zu antworten. Nimm jeden negativen Kommentar ernst und mach dir Gedanken darüber, ob an der Kritik etwas dran sein könnte. Lösche bitte keine Kommentare, das kommt gar nicht gut und verärgert deine Follower nur. Schließlich möchten sie auch bei Kritik ernstgenommen werden. Ausnahme: Trolle, die nur Ärger machen wollen und unter die Gürtellinie gehen. Hier musst du dir nichts gefallen lassen und darfst solche Follower auch gerne blockieren. Noch ein Tipp: Oft hilft auch ein Blick auf das Profil des Kommentators, um herauszufinden, ob sich hinter der Fassade wirklich ein echtes Profil oder nur ein Fake Profil verbirgt.

DEIN SOCIAL MEDIA PROFIL

Nun widmen wir uns deinem Social Media Profil. Auch hier gehe ich beispielhaft nur auf die Plattformen Facebook und Instagram ein. Dein Profil sollte in jedem Fall ein Unternehmensprofil sein. Nur so profitierst du von nützlichen Features, welche für deinen digitalen Auftritt in den sozialen Netzwerken wichtig sind. Nicht zu vergessen, dass du nur mit einem Unternehmensprofil Zugang zu den sogenannten Insights hast. Hier findest du wichtige Zahlen und Statistiken rund um dein Profil, welche du für die Analyse deiner Arbeit brauchst. Anleitungen, wie du ein solches Profil erstellst, findest du im Internet, daher gehe ich hierauf nicht näher ein. Überlege dir im Vorfeld gut, welchen Namen du deinem Instagram Kanal geben möchtest. Der Name sollte ein Keyword enthalten, unter welchem du über die Suche gefunden werden kannst. Mein Name lautet zum Beispiel „Social Media für Unternehmer" (siehe Abbildung auf der nächsten Seite).

Hast du dein Unternehmensprofil eingerichtet, solltest du nun folgende Punkte in Angriff nehmen und bei deiner weiteren Arbeit im Kopf behalten:

▶ Lade ein Profilbild hoch. Ich empfehle generell ein Bild von dir. Hast du ein großes Unternehmen mit vielen Mitarbeitern könntest du alternativ auch dein Logo nehmen.
▶ Auf Facebook kannst du zusätzlich zu deinem Profilbild noch ein Titelbild hochladen. Dies sollte deutlich zeigen, was dein Unternehmen ausmacht und bietet. Bedenke immer, dass auch Personen dein Profil besuchen, die dich und dein Unternehmen bisher noch nicht kennen.
▶ Folge auf Instagram wirklich nur Profilen, welche für dein Unternehmen wichtig sind (potenziellen Kunden, Geschäftspartnern, deinem Netzwerk etc.) und achte darauf, dass du nicht deutlich mehr Profile abonnierst als du selbst an Abonnenten hast. Sonst könntest du den Eindruck erwecken, dass du nur Profilen folgst um selbst Follower zu bekommen.
▶ Schreibe einen Profiltext für Instagram. Dieser sollte ein Gefühl dafür geben, wer du bist und was du machst. Hast du ein lokales Unternehmen solltest du deinen Standort ergänzen. In den Profiltext kannst du auch gerne eine Handlungsaufforderung schreiben. Ein plattes „Folge oder schreibe mir!" würde ich persönlich nicht wählen. Besser ist: „Folge mir und lerne,

wie du…". Womit wir auch gleich zum nächsten wichtigen Punkt kommen…

- ▶ Ist schnell ein Mehrwert erkennbar? Warum sollte der Profilbesucher dir folgen? Was kannst du ihm geben? Was braucht er?
- ▶ Wirkt dein Profil ansprechend? Hier ist besonders deine Bildsprache wichtig. Weitere Infos hierzu erhälst du im Kapitel „Social Media Design".
- ▶ Stimmt das Gesamtpaket? Lädt dein Profil zum Verweilen ein und ist das Wesentliche auf einen Blick erkennbar?
- ▶ Vergiss bitte auf keinen Fall das Impressum und die Datenschutzerklärung. Diese müssen zwingend nach den rechtlichen Vorgaben zu finden sein. Hier würde ich wirklich nichts dem Zufall oder Halbwissen anderer überlassen. Bist du dir unsicher, frage einen Experten. In Sachen Datenschutz kann ich dir Rechtsanwalt Dr. Thomas Schwenke empfehlen. Auf seiner Facebook Seite findest du bereits viele nützliche Tipps.
- ▶ Nutze die verschiedenen Funktionen, die dir zur Verfügung stehen. So kannst du dich auf Facebook in der Rubrik „Über uns" vorstellen oder wichtige Infos in den Notizen vermerken. Sehr praktisch finde ich auch die Möglichkeit einen Beitrag „oben anzupinnen". Dieser ist dann immer als ersten Beitrag zu sehen. Außerdem solltest du dir überlegen, die Bewertungen bei Facebook zu aktivieren. So können sich Besucher bereits einen unabhängigen Eindruck darüber verschaffen, wie zufrieden andere Kunden mit deinem Produkt oder deiner Dienstleistung sind. Deine Leistungen, tollen Content mit Mehrwert, geplante Veranstaltungen etc. kannst du auf Instagram in deinen Highlights dauerhaft für Profilbesucher sichtbar machen.

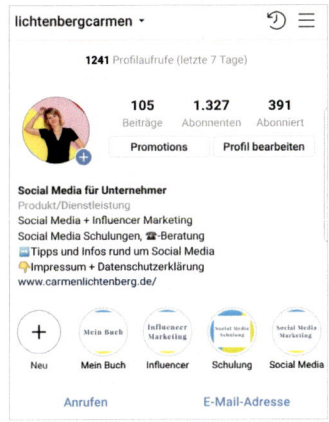

ZIELGRUPPE

Mit deiner Zielgruppe hast du dich bestimmt schon ausführlich beschäftigt. Auch für dein Social Media Marketing ist es extrem wichtig, dass du deine Zielgruppe kennst. Denn:

Deine Social Media Arbeit muss stets auf deine Zielgruppe ausgerichtet sein!

Warum ist dem so? Ganz einfach: Sprichst du in den sozialen Netzwerken nicht gezielt deine Zielgruppe an, so wirst du auch keine Umsätze über Social Media generieren können. Du wirst vielleicht (wenn du ansprechende Bilder postest und viel Zeit investierst) trotzdem eine wachsende Followerzahl haben. Da sich deine Follower aber nicht für dich und dein Unternehmen interessieren, wird es zu keinem Kaufabschluss kommen. Auch hier siehst du wieder: Viele Follower sind nicht zwingend zielführend! Du brauchst die richtigen Follower – deine Zielgruppe.

Folgende Punkte solltest du im Vorfeld klar definieren:

- ▶ Was ist meine Zielgruppe?
- ▶ Wen möchte ich erreichen?
- ▶ Wer ist mein absoluter Traumkunde?
- ▶ Wie und wo erreiche ich meine Zielgruppe?
- ▶ Wie spreche ich meine Zielgruppe an? Welche Sprache spricht meine Zielgruppe?
- ▶ Was braucht meine Zielgruppe?

Es ist wichtig, dass du deinen „typischen" Kunden kennst und visualisieren kannst. Auf der nächsten Seite wirst du einen Persona-Steckbrief erstellen. Dies wird dir bei deiner Zielgruppenanalyse helfen. Je nach Unternehmen, hast du vielleicht sogar mehrere Zielgruppen. Erstelle für jede Gruppe einen eigenen Persona-Steckbrief. Anschließend gehst du noch einen Schritt weiter, indem du dir Gedanken darüber machst, was deine Zielgruppe braucht und welche Probleme sie hat. Danach wirst du relevanten Social Media Content, zugeschnitten auf deine Zielgruppe, erstellen können.

DEINE ZIELGRUPPE

Erstelle für deine Zielgruppe einen Persona Steckbrief. Hast du verschiedene Zielgruppen, kopiere dir diese Seite und erstelle für jede Zielgruppe einen eigenen Steckbrief. Anschließend schreibe fünf typische Probleme deiner Zielgruppe auf.

Persona Steckbrief

Name (fiktiv) ....

Geschlecht ....

Wohnort ....

Alter ....

Familienstand, Kinder ....

Persönliche Eigenschaften ....

Beruf ....

Monatliches Einkommen ....

Interessen und Hobbys ....

Wünsche ....

AUFGABE

Social Media Nutzung (Welche Tools und Plattformen? Wie häufig? Welchen Seiten, Personen folgt er/sie? Wie werden Inhalte konsumiert? Wird interagiert? Wenn ja, wie? ...)

....

....

Kaufverhalten (Online? Im Ladengeschäft? Ist eine persönliche Beratung/ Betreuung wichtig? Was führt zum Kaufabschluss? Was führt zum Kaufabbruch? Wie informiert er/sie sich über ein Produkt? ...)

....

....

5 typische Probleme deiner Zielgruppe:

1. ....

2. ....

3. ....

4. ....

5. ....

ALLGEMEINE ZIELE, DIE DU MIT DEINEM SOCIAL MEDIA MARKETING ERREICHEN KANNST

Dass Social Media Marketing für dein Unternehmen wichtig ist weißt du, sonst würdest du dich nicht mit dem Thema intensiv beschäftigen und an deiner persönlichen Social Media Strategie feilen. Trotzdem möchte ich dir kurz und knapp vor Augen führen, was du alles mit deiner Social Media Arbeit erreichen kannst.

Umsatz-Steigerung:

Natürlich kannst du mit Social Media Marketing deinen Gewinn erhöhen. Schließlich willst du wirtschaftlich arbeiten und dein Unternehmen profitabler machen.

Steigerung der Bekanntheit:

Mit Social Media Marketing wird dein Unternehmen verstärkt im Netz zu finden sein. Du kannst mit deiner Firmenkommunikation eine große Reichweite erzielen, um dein Produkt, deine Marke oder deine Dienstleistung bekannter zu machen.

Neukunden-Gewinnung:

Hast du das Prinzip von Social Media verstanden, so kannst du neue Kunden auf dich und dein Unternehmen aufmerksam machen. Unabhängige Empfehlungen, welche in den sozialen Medien viel zu finden sind, sowie virales Marketing tun ihr übriges. Begleite deine Kunden virtuell in ihrer Customer Journey und darüber hinaus, um das Vertrauen in dein Unternehmen zu stärken.

Image:

Ein modernes Unternehmen muss heutzutage auch in den sozialen Medien vertreten sein. Eine professionelle Präsenz hinterlässt Eindruck. Nutzt du diese dann noch geschickt, kannst du dein Image deutlich verbessern.

Erhöhung und Stärkung der Kundenbindung:

Es ist nicht nur wichtig neue Kunden zu gewinnen, sondern auch, Stammkunden zu halten. Durch verschiedene Maßnahmen, zum Beispiel der Interaktion mit deinen Kunden, kannst du sowohl neue Kunden als auch Stammkunden an dich und dein Unternehmen binden.

Steigerung der Kundenzufriedenheit:

Mit einem durchdachten Social Media Auftritt kannst du die Bedürfnisse deiner Kunden erkennen und befriedigen. Betreust du deine Kunden individuell, nimmst du sie und ihre Äußerungen in den sozialen Medien ernst, bist transparent und persönlich? Mit einer professionellen Kundenpflege kannst du die Kundenzufriedenheit steigern.

Service und Support:

Über Social Media kannst du schnell auf Fragen, Probleme oder Anregungen eingehen (auch über deine normalen Öffnungszeiten hinaus). Social Media sind eine perfekte Serviceschnittstelle, welche du unbedingt nutzen solltest.

Personal-Gewinnung/Employer Branding:

Employer Branding wird auch in den sozialen Netzwerken immer wichtiger. Über Social Media kannst du spielend leicht junge und engagierte Nachwuchskräfte als Mitarbeiter für dein Unternehmen gewinnen.

Crowdsourcing:

Meinungsmacher für ein Produkt oder eine Dienstleistung sind die Kunden. Arbeitest du zum Beispiel gerade an einer Produktentwicklung, kannst du deine Kunden über Social Media an dem gesamten Prozess teilhaben lassen und weißt genau, was deinen Kunden wichtig ist und aktuell im Trend liegt.

Leadgenerierung:

Die Generierung von Leads, also nachfassbaren Kontakten, hilft dir beim Verkauf. Bietest du in den sozialen Medien kostenlos Webinare oder E-Books an, erhältst du Kontaktdaten von potenziellen Kunden.

Trafficgewinnung:

Die sozialen Netzwerke sind eine wichtige Traffic-Quelle. Mit einer cleveren Taktik bringst du die User auf deine Webseite.

Erhöhte Werbewirkungsdauer:

Durch Social Media erhöht sich die Werbewirkungsdauer immens. Interessenten haben deutlich länger, wenn nicht sogar zeitlich unbegrenzt, Zugang zu deinen Werbemaßnahmen.

Werbung ohne Streuverluste:

Teure Werbung mit hohen Streuverlusten war einmal. Über Social Media kannst du deine Kunden ganz gezielt ansprechen. Die sozialen Netzwerke wissen viel über ihre User – perfekt für deine zielgruppenspezifischen Anzeigen.

Marktforschung:

Mit einem Unternehmenskanal in den sozialen Medien musst du keine Unsummen mehr ausgeben, um den aktuellen Markt zu erforschen. Stimmungen, Kundenwünsche und -meinungen lassen sich über Social Media kostenlos und schnell einfangen.

Konkurrenzbeobachtung:

In den sozialen Medien kannst du ohne großen Aufwand deine Konkurrenz beobachten und die gewonnenen Erkenntnisse für dich und dein Business nutzen.

Don't use social media
to impress people;
use it to impact people.

-Dave Willis-

DEINE ALLGEMEINEN ZIELE

Für eine erfolgreiche Social Media Arbeit müssen die eigenen Ziele klar definiert werden! Im Laufe des Buches widmen wir uns noch den smarten Zielen. Nun legen wir schon einmal deine allgemeinen Ziele fest.

Sieh dir die allgemeinen Ziele noch einmal genau an. Schreibe sechs Ziele auf, die du mit deinem Unternehmensprofil auf jeden Fall erreichen möchtest.

1. ....

   ....

2. ....

   ....

3. ....

   ....

4. ....

   ....

5. ....

   ....

6. ....

   ....

SOCIAL MEDIA DESIGN

Ein einheitlicher und ansprechender Feed ist (besonders auf Instagram) sehr wichtig und hinterlässt einen bleibenden und professionellen Eindruck. Die Ästhetik deines Feeds ist mit entscheidend dafür, ob ein Besucher dein Profil abonniert oder nicht. Demnach ist das Social Media Design ein wichtiges Thema, bei welchem der Teufel im Detail steckt.

Corporate Design:

Binde dein Corporate Design, also dein einheitliches Gesamterscheinungsbild für dein Unternehmen, auch in den sozialen Netzwerken ein.

Design Guide:

Hast du bereits ein Corporate Design, so weißt du genau, welches Logo, welche Schriften, Farben, Bilder und Stilelemente du verwendest. Auf der übernächsten Seite wirst du all deine grafischen Elemente in einem Design Guide festhalten. Halte dich an deinen Guide und weiche wirklich nur selten und zu besonderen Anlässen davon ab.

Design-Leitlinien einsetzen:

Setze deine festgelegten Design-Leitlinien konsequent in den sozialen Medien ein. So wird dein Unternehmen zur Marke, du hast einen Wiedererkennungswert und bindest deine Kunden an dich.

Logo:

Dein Logo sollte professionell und gut sein. Spare nicht an deinem Logo. Dieses wird schließlich nicht nur in den sozialen Medien, sondern auch in den Geschäftspapieren, auf der Webseite und an vielen weiteren Orten zu sehen sein.

Farben:

Nutze Farben stets überlegt. Es geht nicht darum, was deine Lieblingsfarbe ist, sondern darum, mit welchen Farben du deine Zielgruppe ansprichst und wie die genutzten Farben auf den Betrachter wirken. Für ein stimmiges Farbkonzept solltest du dir zwei bis drei Unternehmensfarben bestimmen und diese für deinen Social Media Auftritt nutzen. Jede Farbe hat übrigens einen eigenen

Farbcode. Damit du wirklich immer exakt den gleichen Farbton verwendest, solltest du stets diesen Farbcode einstellen, wenn du Grafiken und ähnliches entwirfst.

Schriften:

Jede Schrift hat ihren eigenen Charakter und vermittelt dementsprechend eine bestimmte Aussage. Welche Aussage möchtest du für dein Unternehmen? Suche dir jeweils zwei bis drei Schriftarten und Schriftgrößen für dein Social Media Design aus. Orientiere dich an deinem bereits bestehenden Corporate Design. Schriften mit vielen Schriftschnitten (fett, kursiv etc.) eigenen sich zum Beispiel gut. Achte immer darauf, dass die Schrift im Text oder Design gut lesbar ist.

Filter:

Möchtest du bei deinen Bildern mit einem Filter arbeiten empfehle ich dir, dich für einen Filter zu entscheiden und diesen dann auch konsequent zu nutzen. Viele verschiedene Filter und dazu noch Bilder ohne Filter in einem Feed wirken absolut unprofessionell.

Besonderheiten kennzeichnen:

Hast du eine besondere Grafik oder ein tolles Bild erstellt, von dem du ausgehen kannst, dass es viel geteilt wird, würde ich dieses mit deinem Logo oder Wasserzeichen kennzeichnen. Schließlich kann jedes Bild abgespeichert und selbst geteilt werden, sodass schnell nicht mehr nachvollziehbar ist, von wem das Bild ursprünglich kommt. Dabei kann ruhig jeder sehen, wer diese Besonderheit geschaffen hat.

Bespielst du bereits einen oder sogar mehrere Social Media Kanäle, hattest aber bisher kein einheitliches Design Konzept? Kein Problem. Fange langsam mit der Umsetzung des neuen Designs an, sodass du einen sanften Übergang vom alten zum neuen Design hast. Alte Posts, die so gar nicht in dein Konzept passen, kannst du gegebenenfalls auch löschen, wenn du großen Wert auf einen schönen Feed legst. Hier musst du entscheiden, ob dir ein schönes Feed-Design oder der Inhalt und die Interaktionen des Posts wichtiger sind.

INFOBOX

Tipp von mir: Mit dem kostenlosen Grafiktool „Canva" kannst du tolle Social Media Designs gestalten. Bereits die freie Version bietet dir viele Möglichkeiten.
Wer noch mehr Funktionen möchte, kann das kostenpflichtige Upgrade kaufen.

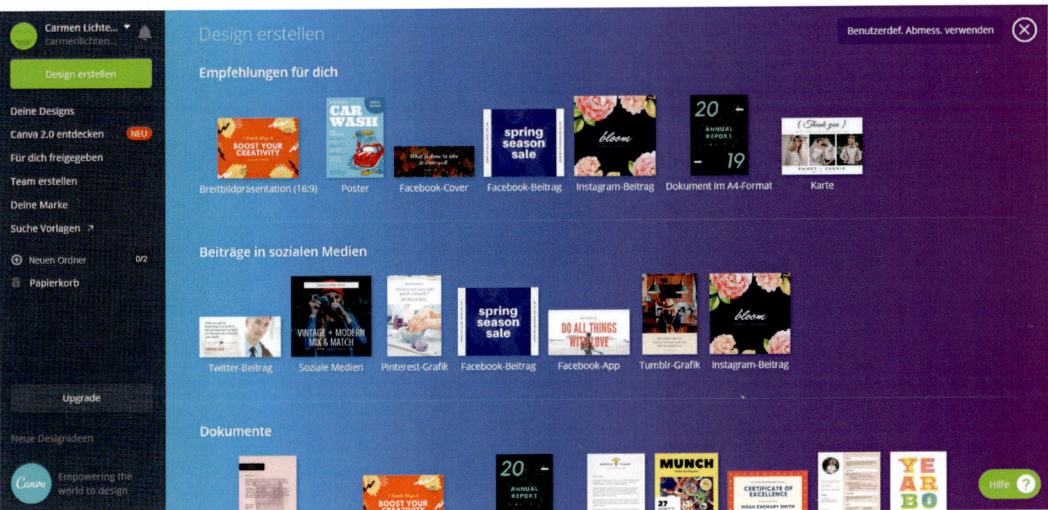

https://www.canva.com/

Hier findest du vier Beispiele für ein professionelles Social Media Design und eine ansprechende Bildsprache:

Jasmin Bock
Instagram: *https://www.instagram.com/ traum_vom_eigenen_hund/*

Michael Kiechle
Instagram: *https://www.instagram.com/ michael_kiechle/*

Johanna Fritz
Instagram: *https://instagram.com/ byjohannafritz/*

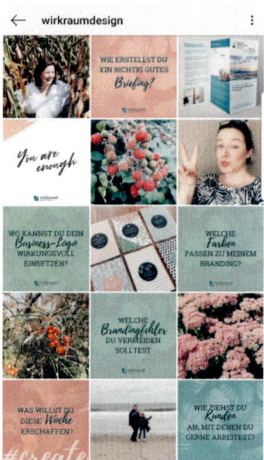

Sabine Stärker-Bross
Instagram: *https://instagram.com/ wirkraumdesign/*

DEIN DESIGN GUIDE

Logo

Hier kannst du
dein Logo einkleben

Schriften ....

....

Schriftgrößen ....

....

Farben und Farbcodes ....

....

Bildsprache ....

....

Filter ....

....

Stil ....

....

Sonstige Elemente ....

....

TEXTE

Mit dem Bild weckst du das Interesse eines Users, mit dem Text hälst du ihn auf deinem Post. Daher ist auch der Text ein wichtiger Bestandteil deines Postings und mit entscheidend dafür, wie erfolgreich dieser wird. Erst das Zusammenspiel aus Bild und Text macht deinen Content aus.

Ein guter Social Media Text spricht den Leser an, weckt Emotionen und inspiriert zum Handeln (beispielsweise zum Kommentieren deines Posts). Du solltest stets persönlich schreiben und eine Geschichte erzählen. Verwende Adjektive und nutze Emojis. Auf Social Media darf der Tonfall auch mal lockerer sein als zum Beispiel auf der Homepage oder in anderen Unternehmensbereichen. Wichtig ist, dass er zu deinem Unternehmen und deiner Zielgruppe passt. Achte darauf, dass dein Schreibstil immer gleich bleibt und nimm dir vor allem ausreichend Zeit für deine Texte. Das Schreiben geht nicht immer so locker vonstatten. Da wird hier mal gekürzt, probiert, gefeilt und umgestellt.

Text aus der Sicht des Users

Bevor du den Text wirklich hochlädst, solltest du zudem versuchen, ihn aus der Sicht des Users zu lesen.

- ▶ Ist der Text ansprechend, informativ oder unterhaltsam?
- ▶ Könnte sich jemand auf den Schlips getreten fühlen?
- ▶ Ist die Länge angemessen?
- ▶ Regt er zur Beteiligung an?
- ▶ Welche Worte würde meine Zielgruppe wählen?
- ▶ Wäre eine Überschrift angebracht?
- ▶ Verleiten die ersten Wörter zum Weiterlesen? Auf Instagram sind nur die ersten beiden Zeilen im Feed sichtbar, möchte der Leser den gesamten Text sehen, muss er auf „mehr" klicken. Dies wird er nur, wenn ihn die ersten Wörter fesseln und neugierig machen.

Die perfekte Länge deines Textes

Du fragst dich bestimmt, wie lang dein Social Media Text sein sollte, oder? Dies ist zum einen abhängig von dem Kanal, den du bespielst, zum anderen von deiner Zielgruppe und Branche. Während dir für einen Tweet bei Twitter nur 280 Zeichen zur Verfügung stehen, hast du für einen Facebook Post über 60.000 Zeichen und einen Instagram Post 2.200 Zeichen. Ich lese oft, dass es empfehlenswert ist sich kurz und knapp zu halten. So pauschal kann dies nicht gesagt werden. Meine Empfehlung: Probier dich aus! Traue dich ruhig auch mal etwas längere Texte zu posten. Je nach Branche und Content kommen die gut an und werden auch vollständig gelesen. Dies merkst du zum Beispiel daran, wenn du am Ende des Textes eine Frage stellst und deine Community in den Kommentaren darauf eingeht. Dann kannst du davon ausgehen, dass dein Text im Großen und Ganzen vollständig gelesen wurde. Ein Vorteil bei langen Texten: Der User verweilt natürlich länger auf deinem Post, was der Algorithmus super findet.

TIPP

Möchtest du auf Instagram mal einen Text mit mehr als 2.200 Zeichen posten hast du die Möglichkeit, deinen Text in den Kommentaren weiterzuführen. Lade hierfür deinen Text mit zum Beispiel 2.100 Zeichen und dem Hinweis „Weiter geht es in den Kommentaren" hoch und packe den Rest des Textes direkt im Anschluss in die Kommentare.

HASHTAGS

Nun widmen wir uns dem Thema Hashtags. Besonders auf Instagram spielen sie eine große Rolle. Auch du hast bestimmt schon einmal von Hashtags gehört oder sie sogar schon verwendet.

Doch was sind Hashtags überhaupt?

Hashtags sind Wörter hinter einem Doppelkreuz, welche einem Post, Tweet oder Pin eine thematische Zuweisung geben. Über die Suchfunktion eines sozialen Netzwerkes oder durch das Anklicken des Hashtags wird der User zu anderen Beiträgen mit dem gleichen Hashtag weitergeleitet. Gibst du also zum Beispiel in der Insta-Suche den Hashtag #beauty ein, so findest du in deiner Explore-Ansicht jede Menge Fotos und Videos, die mit diesem Hashtag markiert und hochgeladen wurden. An erster Stelle findest du immer das neueste Foto oder Video.

Ist der Einsatz von Hashtags wirklich auf jedem Kanal angebracht?

Nein. Du hast ja bereits gelernt, dass du für jeden Kanal einen eigenen Post erstellen solltest. Schuld daran sind unter anderem die Hashtags. Auf Pinterest, Twitter und Instagram sorgen Hashtags für eine bessere Auffindbarkeit und höhere Reichweite. Auf Facebook hingegen performen Posts ohne Hashtags besser und erzielen eine höhere Reichweite als Posts mit Hashtags. Demnach solltest du auf Facebook Hashtags eher vermeiden oder nur gelegentlich und sehr sparsam anwenden.

Wie viele Hashtags?

Wie viele Hashtags du verwenden solltest, ist von Kanal zu Kanal unterschiedlich. Während auf Twitter zum Beispiel circa zwei Hashtags gut sind, sind es auf Instagram schon etwas mehr. Hier hast du aktuell die Möglichkeit bis zu 30 Hashtags zu nutzen. Während Instagram offiziell die Verwendung von zehn Hashtags empfiehlt, kommt die Social Media Analyse Plattform „Fanpage Karma" in einer Studie zu dem Schluss, dass 30 Hashtags mehr Likes und Reichweite bringen. Am besten testest du selbst aus, wie viele Hashtags bei dir gut funktionieren.

Die richtigen Hashtags verwenden

Noch wichtiger als die Nutzung und Anzahl der Hashtags sind die richtigen Hashtags. Einfach die Hashtags zu verwenden, die dir gerade in den Sinn kommen, ist wenig effektiv. Viele Hashtags sind nämlich sehr überstrapaziert und haben ein hohes Volumen. Nutzt du als kleiner Account solche Hashtags, wird dein Beitrag ganz schnell in der Anzahl von Postings untergehen. Die richtigen Hashtags sind Nischen Hashtags auf die Größe deines Kanals zugeschnitten. So erreichst du genau deine Zielgruppe und generierst Reichweite. Bleiben wir mal bei dem Hashtag #beauty: Dieser Hashtag hat 274 Millionen Beiträge und scheidet somit für jeden kleineren Kanal aus. Besser wären hier zum Beispiel der Hashtag #kosmetikstudiomünchen (827 Beiträge) oder der Hashtag #gesichtsreinigung (12,7 Tausend Beiträge). Generell solltest du Nischen-Hashtags mit einem Volumen im fünfstelligen bis unteren sechsstelligen Bereich verwenden. Ein weiterer Vorteil von Nischen-Hashtags: Sie ziehen weniger Kommentare von Bots an. Das sind von Computern automatisch gepostete Kommentare wie „Toller Post!" (oft mit vielen Smileys dabei), welche der Algorithmus deutlich weniger mag als inhaltlich wertvolle und längere Kommentare. Wichtig ist natürlich auch, dass du Hashtags verwendest, die zu deinem Unternehmen, deiner Zielgruppe und deinem Content passen. Verwende bitte nicht immer die gleichen Hashtags. Sei ruhig mutig und probiere dich etwas aus. Wie du den Erfolg deiner Hashtags analysierst lernst du im Kapitel „Analysen". Ein tolles Tool, um relevante Nischen-Hashtags zu finden, ist übrigens Displaypurposes. Dort gibst du einen Hashtag ein und die Webseite generiert innerhalb weniger Sekunden passende Nischen-Hashtags.

INFOBOX

Bitte auf keinen Fall Hashtags wie #likeforlike oder #followforfollow verwenden. Dies wirkt absolut unseriös und bringt dir rein gar nichts. Schließlich möchtest du nicht irgendwen als Follower, sondern genau deine Zielgruppe.

DEINE HASHTAGS

Hier kannst du deine ausgewählten Nischen-Hashtags mit ihrem aktuellen
Volumen vermerken:

....

....

....

....

....

....

....

....

....

....

....

....

REDAKTIONSPLAN

Der Redaktionsplan hilft dir deinen Content für Social Media zu planen und zielgerichtet umzusetzen. Ich unterscheide zwischen einem allgemeinen Redaktionsplan und einem detaillierten Redaktionsplan.

Im allgemeinen Redaktionsplan wird folgendes festgehalten wird:

- ▶ Wer postet?
- ▶ Wann wird gepostet?
- ▶ Was wird gepostet?
- ▶ Wie oft wird gepostet?
- ▶ Welche Kanäle werden bespielt?
- ▶ Was muss bei jedem Kanal beachtet werden?

Der allgemeine Redaktionsplan wird erstmalig bei der Konzepterstellung geschrieben und regelmäßig überprüft. Später wirst du dich noch mit deinen smarten Zielen befassen. Wenn du diese überprüfst, solltest du auch deinen Redaktionsplan checken und schauen, ob du irgendwelche Änderungen vornehmen musst.

So könnte ein allgemeiner Redaktionsplan aussehen:

Kanal	Was?	Wann?	Wie oft?	Wer?
Facebook	Text, Hintergrundfarbe, Bild, Video, GIF, Link, Ort, Gefühl / Aktivität / Sticker, Umfrage, Liste, Veranstaltung, Live-Übertragung	abends zwischen 18 und 21 Uhr, auch am Wochenende und an Feiertagen, an den Tagen, an denen laut Insights die meisten Follower online sind	1 Post pro Tag, nach Bedarf öfter, 4 × die Woche	Person XY

Im detaillierten Redaktionsplan lege ich folgendes fest:

▶ Welches Thema gehe ich an?
▶ Welchen Text verwende ich?
▶ Welche Bilder, Videos, Links etc. nutze ich?
▶ Welche Hashtags kommen in Frage?

Der detaillierte Redaktionsplan wird regelmäßig in einem bestimmten Turnus erstellt. Mit der Zeit wirst du herausfinden, welcher Turnus für dich am besten ist. Ich erstelle meinen detaillierten Redaktionsplan zum Beispiel einmal pro Woche, sodass ich flexibel bleibe und schnell auf Neuigkeiten oder Änderungen eingehen kann. In den beiden Kapiteln „Wochenplanung" kannst du deinen detaillierten Redaktionsplan notieren.

WOCHENPLANUNG	Montag	Dienstag	Mittwoch	Donnerstag	Freitag	Samstag	Sonntag
Thema							
Bild(er) / Video (Dateiname)							
Text / Inhalt							
Link							
Hashtags							
Stories							

Warum empfehle ich dir einen Redaktionsplan?

Ganz einfach: Weil ich die Erfahrung gemacht habe, dass Planung die halbe Miete und Social Media Marketing mit einem Redaktionsplan deutlich entspannter ist. So hast du nicht den regelmäßigen Stress nach dem Motto: „Was poste ich denn heute?". Lieber einmal hingesetzt und den gesamten Content in einem Rutsch und effizient vorbereitet als regelmäßig auf die Schnelle und spontan etwas zusammengeschustert. Mit einem Redaktionsplan weißt du genau, was und wann gepostet wird und hast den größten Teil der Arbeit bereits erledigt.

CONTENT

In den sozialen Netzwerken gibt es verschiedene Arten, wie du deinen Content an den User bringen kannst. Ich stelle dir die wichtigsten Arten vor:

Text:

Während du auf Instagram einen Text nur in Verbindung mit mindestens einem Bild oder Video posten kannst, hast du auf Facebook auch die Möglichkeit, nur einen Text hochzuladen. Dies empfehle ich dir allerdings nicht, wie bereits gesagt, da ein Text alleine schnell untergeht und weniger Reichweite erzielt, als ein Text mit Bild oder Video.

Bild:

Hier gibt es (je nach Kanal) verschiedene Varianten. Neben den klassischen Fotos und Bildern kannst du auch 360 Grad Bilder oder Press and Hold Bilder hochladen. Hast du mehrere Fotos, die du in einem Post zeigen möchtest, kannst du diese bei Facebook zum Beispiel in einer Slideshow oder einem Bilderkarussel (bei Werbeanzeigen) hochladen.

Link:

Natürlich kannst du auch spannende Links auf deiner Unternehmensseite hochladen. Dies ist allerdings auf Facebook deutlich einfacher. Ist der Link hochgeladen, kann er einfach angeklickt werden. Ist der Text fertig gelesen, gelangt der User mit einem Klick wieder zurück zu Facebook. Auf Instagram ist das Anklicken von Links aktuell nur innerhalb deiner Bio (also deinem Steckbrief) möglich. Kaum jemand macht sich die Mühe und kopiert sich den Link (am PC) oder überträgt ihn eigenhändig in den Browser. Möchtest du einen Link zeigen, empfehle ich dir, diesen in deine Bio zu setzen. In deinem Text kannst du dann auf die Bio verweisen. Ob interessante Statistiken oder passende Blog-Beiträge: Teile ruhig auch mal fremden Content.

Video:

Bewegtbild wird in den sozialen Medien immer wichtiger. Videos werden unglaublich gut gesehen. Mittlerweile kannst du sogar längere Videos gut hochladen und zum Beispiel auf Instagram in dein Instagram TV (IGTV) packen. Allerdings solltest du darauf achten, dass deine Videos auch ohne Ton selbsterklärend sind, da viele User ohne angeschalteten Ton durch den Feed scrollen. Wird in deinem Video gesprochen, kannst du zum Beispiel Untertitel einblenden.

Stories:

Besonders auf Instagram sind Stories sehr beliebt und werden von einigen Usern sogar gegenüber dem Feed bevorzugt. Mit den Stories hast du ganz viele verschiedene Möglichkeiten dich und dein Unternehmen zu zeigen. Ob Videos aus dem Alltag, spannende „Behind the scenes" oder Verweise auf einen neuen Post. Probiere dich aus und nutze die Stories für dein Unternehmen – so wie du dich wohlfühlst.

Live Videos:

Sowohl auf Instagram als auch auf Facebook hast du die Möglichkeit live zu gehen. Mit Live-Videos wirkst du sehr authentisch, schaffst Nähe und somit auch Vertrauen. Zuschauer können dir Kommentare schreiben, sodass du wunderbar mit ihnen kommunizieren kannst. Ein Live Video muss nicht perfekt sein, trotzdem solltest du auf die Basics achten: keine Wackler oder störende Hintergrundgeräusche, gute Beleuchtung etc.

User Generated Content:

Eine einfache und zugleich sehr wirkungsvolle Art von Content ist der User Generated Content. Potenzielle Kunden vertrauen nutzergenerierten Inhalten deutlich mehr als Werbung. Wird dein Unternehmen zum Beispiel in einem Instagram Post markiert, kannst du dieses Bild ebenso auf deinem Account hochladen. Frage jedoch sicherheitshalber den Postersteller und markiere ihn im Post mit einem Hinweis, dass der Content von ihm stammt.

DEINE CONTENT-IDEEN

Hier kannst du nun alle deine Ideen für möglichen Content aufschreiben und dir überlegen, wie du diesen umsetzen möchtest.

Idee	Umsetzung (Text, Link, Video etc.)

INSIGHTS

Sowohl Facebook als auch Instagram bieten dir diverse Statistiken. Diese findest du bei beiden Kanälen unter „Insights". Ich empfehle dir regelmäßig in deine Insights reinzusehen. So kannst du die Qualität deiner Social Media Arbeit verbessern und die Performance deiner Seiten steigern. Am besten wirfst du einmal die Woche einen kurzen Blick auf deine Statistiken, sodass du auf bestimmte Änderungen schnell reagieren kannst. Alle drei Monate solltest du dich etwas länger mit deinen Insights beschäftigen und dann auch gleich deine Ziele überprüfen und neue Ziele festlegen. Damit du weißt, auf welche Statistiken und Werte du besonders achten solltest, findest du hier jeweils eine Auflistung für Facebook und Instagram.

Facebook

▸ **Seitenzusammenfassung** Möchtest du dir einen schnellen Überblick über einige wichtige Zahlen verschaffen, dann bist du in der Seitenzusammenfassung richtig. Diese erscheint direkt, wenn du die Insights öffnest.

▸ **Promotions** Hier findest du eine Übersicht deiner bezahlten Werbeanzeigen mit den Ergebnissen, die diese erzielt haben.

▸ **Abonnenten und „Gefällt mir"-Angaben** Hier findest du eine Übersicht deiner Abonnenten und „Gefällt mir"-Angaben Schaue dir auch an, wann deine Follower gekommen oder gegangen sind und was du an diesen Tagen gepostet hast. So kannst du Schlüsse daraus ziehen, was gut oder weniger gut ankommt oder ob du vielleicht zu viel oder zu wenig postest.

▸ **Reichweite** Hier findest du u.a. Angaben darüber, wie viele Personen einen beliebigen Beitrag von dir gesehen haben, wie oft du empfohlen wurdest und welche Handlungen (Liken, Teilen, Kommentieren etc.) wie oft vorgenommen wurden.

▸ **Seitenaufrufe** Hier siehst du zum Beispiel wie oft deine Seite aufgerufen wurde und was deine besten Quellen sind.

▸ **Seitenvorschau** In dieser Statistik erfährst du, wie oft deine Seitenvorschau angesehen wurde.

▸ **Handlungen auf der Seite** Hier siehst du, wie oft von deiner Seite aus eine Route zu dir geplant, deine Webseite aufgerufen, auf deine Telefonnummer geklickt oder einen „Call to Action" Button gedrückt wurde.

▸ **Beiträge** Hier findest du für dich sehr wichtige Informationen. Du siehst, an welchen Tagen und zu welchen Uhrzeiten deine Follower online sind, welche Beiträge erfolgreich sind und welche Beitragsarten du gepostet hast. Ich empfehle dir außerdem Seiten, die deiner ähneln, im Auge zu behalten. Unter „Beiträge" kannst du entsprechende Seiten hinzufügen. Dann siehst du auch, welche Beiträge von diesen Seiten am erfolgreichsten waren und kannst dir Inspiration für deine eigene Seite holen.

▸ **Veranstaltungen** Hier siehst du, ob und welche Veranstaltungen du erstellt und welche Ergebnisse du erzielt hast.

▸ **Videos** Hier findest du eine Übersicht deiner Videostatistiken.

▸ **Stories** Hier findest du die Statistiken zur Performance deiner Stories der letzten 14 Tage.

▸ **Personen** Noch eine sehr wichtige Statistik. Unter „Personen" findest du Angaben zu deinen Followern, Abonnenten, erreichten und interagierenden Personen. Hier findest du wichtige Daten zu Geschlecht, Alter, Wohnort, Sprache etc. Richte deinen Content danach. Optimalerweise entsprechen diese Daten hauptsächlich deiner Zielgruppenanalyse.

▸ **In der Nähe** Hier hast du die Möglichkeit, mehr über die Personen in der Nähe deines Unternehmens zu erfahren. Hast du ein lokales Unternehmen, ist auch dies interessant für dich.

▸ **Nachrichten** Hier siehst du zum Beispiel, wie viele Nachrichten du bekommen hast und wie deine Reaktionsquote und –zeit ist.

Allgemeiner Hinweis zu den Facebook Insights: Manche Daten (z.B. zu deinen Followern) werden dir erst ab 100 Followern angezeigt. Du kannst außerdem bei vielen Statistiken einen Zeitraum auswählen und dir so zum Beispiel gezielt die Ergebnisse der letzten drei Monate ansehen.

Instagram

▶ **Interaktionen** Hier siehst du, wie oft und wann dein Profil aufgerufen, auf deine Webseite und auf deine Telefonnummer geklickt wurde.

▶ **Entdecken** Hier findest du Statistiken dazu, wie oft deine Beiträge insgesamt gesehen wurden (Impressionen) und wie oft ein Konto deine Beiträge gesehen hat (Reichweite).

▶ **Feed-Beiträge** Unter „Inhalte" findest du deine Feed-Beiträge. In dieser Statistik erkennst du sehr schnell, welche Beiträge gut und weniger gut ankommen. Du hast die Möglichkeit deine Beiträge nach Anrufe, Kommentare, E-Mails, Interaktionen, Abonnements, Route planen, Impressionen, „Gefällt mir", Profilaufrufe, Reichweite, Gespeicherte Posts, Geteilte Inhalte, SMS und Website-Klicks zu sortieren. Auch den Zeitraum und die Art des Beitrags kannst du bei der Sortierung einstellen.

▶ **Stories** Hier findest du Statistiken zu deinen Story-Beiträgen.

▶ **Promotions** Hier findest du Statistiken zu deinen bezahlten Werbeanzeigen.

▶ **Zielgruppe** Mit die wichtigste Statistik in deinen Instagram Insights. Hier findest du Infos zu der Anzahl deiner Follower, dem Geschlecht, Alter, Wohnort und an welchen Tagen und Uhrzeiten deine Follower online und aktiv sind.

▶ **Profilaufrufe** Schaust du dir dein Profil an, findest du ganz oben die Anzahl deiner Profilaufrufe der letzten sieben Tage. Ist diese Zahl sehr gering, so interagierst du vielleicht zu wenig mit anderen Accounts.

▶ **Postanalyse** Klickst du einen Post an und gehst auf „Insights ansehen", siehst du zunächst nur einige wichtige Daten. Wischst du hier nach oben, kannst du deinen Post noch einmal genauer analysieren. Unter Impressionen siehst du zum Beispiel, von wo der User auf deinen Beitrag gekommen ist. Hier kannst du auch die Erfolge deiner Hashtags messen, indem du schaust, wie viele User über die Hashtags auf deinen Post gekommen sind.

DEINE INSIGHTS

Hier kannst du dir die wichtigsten Zahlen deiner Insights und eventuelle Erkenntnisse daraus vermerken:

Facebook

Promotions ....

....

Abonnenten und „Gefällt mir"-Angaben ....

....

Reichweite ....

....

Seitenaufrufe ....

....

Seitenvorschau ....

....

Handlungen auf der Seite ....

....

Beiträge ....

....

Veranstaltungen ....

....

Videos ....

....

Stories ....

....

Personen ....

....

In der Nähe ....

....

Nachrichten ....

....

Erkenntnisse ....

....

....

....

....

Instagram

Interaktionen ....

....

Entdecken ....

....

Feed-Beiträge ....

....

Stories ....

....

Promotions ....

....

Zielgruppe ....

....

Erkenntnisse ....

....

....

....

....

SMARTE ZIELE

Nun geht es langsam ans Machen: Zeit investieren und den inneren Schweinehund überwinden. Auch nach einem anstrengenden Tag noch tollen Content produzieren und mit der Zielgruppe interagieren. Du wirst merken, dass du schnell ein Gefühl für dein Social Media Marketing bekommst. Doch verlasse dich bitte nicht auf dein Gefühl, wenn es darum geht, deine Arbeit zu analysieren. Hier zählen im Grunde nur die harten Fakten – deine Zahlen. Wo du diese findest und was sie dir zeigen, hast du bereits gelernt.

Um deine Arbeit realistisch überprüfen zu können, solltest du smarte Ziele für jeden einzelnen Kanal definieren und dir diese regelmäßig (zum Beispiel alle drei Monate) ansehen.

SMARTE Ziele sind:

- ▶ Spezifisch
- ▶ Messbar
- ▶ Attraktiv
- ▶ Realistisch
- ▶ Terminiert

Smarte Ziele zu definieren, ist nicht immer ganz einfach, allerdings wichtig für die Analyse deines Social Media Marketings.

Hier mal ein Beispiel für den Unterschied zwischen einem Ziel und einem smarten Ziel:

Ziel Steigende Beitragsreichweite
Kommentar Das ist ein tolles Ziel, allerdings nicht smart. Die Formulierung ist zu ungenau. Das Ziel beschreibt keinen konkreten zu erreichenden Zustand. Mit einem solchen Ziel wird nicht genau erklärt, welche Erfolgsparameter erreicht werden müssen, damit das Ziel als erfüllt gilt. Messbare Parameter und eine genaue Terminierung fehlen. Außerdem wird nicht definiert, warum das Ziel zu erreichen ist.

Smartes Ziel Um die Bekanntheit meines Produktes zu steigern, werde ich bis zum 01.01.2020 auf meinem Facebook Unternehmenskanal eine organische Beitragsreichweite von 5.000 in den letzten 28 Tagen erreichen.
Kommentar Hier sind alle Anforderungen an ein smartes Ziel erfüllt.

Hier ein paar Ideen, welche Parameter du zum Beispiel in die Formulierung deiner smarten Ziele für deinen Facebook Kanal einbeziehen könntest:

- „Gefällt mir" Angaben
- beendete Abonnements
- Empfehlungen
- Beitragsreichweite
- Beitragsinteraktionen
- Seitenaufrufe
- Klicks auf „Call to Action" Button Anrufen
- Klicks auf Webseite
- Video Performance/Anzahl Videos
- grüner Nachrichten-Button aktiviert
- Reaktionsquote Nachrichten bei 100 Prozent

Auf der nächsten Seite wirst du nun für jeden Kanal smarte Ziele definieren. Nimm dir die Insights zu Hilfe und orientiere dich daran. Und ganz wichtig: Fang bitte klein an und steigere dich nach und nach! Hast du bisher noch keine Erfahrungswerte, ist es schwierig einzuschätzen, welche Ziele für dich realistisch sind und welche nicht. Mit der Zeit bekommst du ein Gefühl dafür und kannst deine Ziele entsprechend anpassen.

DEINE SMARTEN ZIELE

Notiere nun für jeden Social Media Kanal deine smarten Ziele für die nächsten drei Monate. Möchtest du mir diese Aufgabe zusenden, bitte ich dich, mir deinen aktuellen Stand zu den einzelnen Zielen dazuzuschreiben. So kann ich grob einschätzen, ob deine Ziele realistisch sind oder nicht.

Smartes Ziel ....

....

....

Aktueller Stand ....

Smartes Ziel ....

....

....

Aktueller Stand ....

Smartes Ziel ....

....

....

Aktueller Stand ....

AUFGABE

Smartes Ziel ....

....

....

Aktueller Stand ....

Smartes Ziel ....

....

....

Aktueller Stand ....

Smartes Ziel ....

....

....

Aktueller Stand ....

Smartes Ziel ....

....

....

Aktueller Stand ....

EINMALIGE AUFGABEN

Bevor du nun mit der eigentlichen Arbeit beginnen kannst, gibt es eventuell noch ein paar Aufgaben, die du noch vorab erledigen musst. Hast du schon ein Unternehmensprofil eingerichtet? Ist dein Profil optimiert? Hast du deine Zielgruppe definiert und passende Hashtags gefunden? ...

Hier kannst du alles vermerken, was du noch erledigen möchtest und deine einmaligen Aufgaben Stück für Stück abhaken:

To Do   **Erledigt**

.... ☐

.... ☐

.... ☐

.... ☐

.... ☐

.... ☐

.... ☐

.... ☐

.... ☐

.... ☐

.... ☐

.... ☐

We don't have a choice
on whether we do
social media,
the question is
how well we do it.

-Erik Qualman-

WOCHENPLANUNG

	Montag	Dienstag	Mittwoch
Thema			
Bild(er) / Video (Dateiname)			
Text / Inhalt			
Link			
Hashtags			
Stories			

Donnerstag	Freitag	Samstag	Sonntag

WOCHENPLANUNG

	Montag	Dienstag	Mittwoch
Thema			
Bild(er) / Video (Dateiname)			
Text / Inhalt			
Link			
Hashtags			
Stories			

Donnerstag	Freitag	Samstag	Sonntag

WOCHENPLANUNG

	Montag	Dienstag	Mittwoch
Thema			
Bild(er) / Video (Dateiname)			
Text / Inhalt			
Link			
Hashtags			
Stories			

Donnerstag	Freitag	Samstag	Sonntag

WOCHENPLANUNG

	Montag	Dienstag	Mittwoch
Thema			
Bild(er) / Video (Dateiname)			
Text / Inhalt			
Link			
Hashtags			
Stories			

Donnerstag	Freitag	Samstag	Sonntag

WOCHENPLANUNG

	Montag	Dienstag	Mittwoch
Thema			
Bild(er) / Video (Dateiname)			
Text / Inhalt			
Link			
Hashtags			
Stories			

Donnerstag	Freitag	Samstag	Sonntag

WOCHENPLANUNG

	Montag	Dienstag	Mittwoch
Thema			
Bild(er) / Video (Dateiname)			
Text / Inhalt			
Link			
Hashtags			
Stories			

Donnerstag	Freitag	Samstag	Sonntag

WOCHENPLANUNG

	Montag	Dienstag	Mittwoch
Thema			
Bild(er) / Video (Dateiname)			
Text / Inhalt			
Link			
Hashtags			
Stories			

Donnerstag	Freitag	Samstag	Sonntag

WOCHENPLANUNG

	Montag	Dienstag	Mittwoch
Thema			
Bild(er) / Video (Dateiname)			
Text / Inhalt			
Link			
Hashtags			
Stories			

Donnerstag	Freitag	Samstag	Sonntag

WOCHENPLANUNG

	Montag	Dienstag	Mittwoch
Thema			
Bild(er) / Video (Dateiname)			
Text / Inhalt			
Link			
Hashtags			
Stories			

Donnerstag	Freitag	Samstag	Sonntag

WOCHENPLANUNG

	Montag	Dienstag	Mittwoch
Thema			
Bild(er) / Video (Dateiname)			
Text / Inhalt			
Link			
Hashtags			
Stories			

Donnerstag	Freitag	Samstag	Sonntag

WOCHENPLANUNG

	Montag	Dienstag	Mittwoch
Thema			
Bild(er) / Video (Dateiname)			
Text / Inhalt			
Link			
Hashtags			
Stories			

Donnerstag	Freitag	Samstag	Sonntag

WOCHENPLANUNG

	Montag	Dienstag	Mittwoch
Thema			
Bild(er) / Video (Dateiname)			
Text / Inhalt			
Link			
Hashtags			
Stories			

Donnerstag	Freitag	Samstag	Sonntag

ZIELEÜBERPRÜFUNG

So, nun sind schon drei Monate vorbei, in denen du (hoffentlich) voller Elan dein Social Media Marketing betreibst. Hier kannst du jetzt die letzten Wochen Revue passieren lassen, deine smarten Ziele überprüfen und neue Ziele festlegen:

Dies ist mir leicht gefallen ....

....

....

....

....

....

Dies ist mir schwer gefallen ....

....

....

....

....

....

Das möchte ich noch optimieren ....

....

....

....

....

....

....

....

....

Diese smarten Ziele habe ich erreicht ....

....

....

....

....

....

....

....

Diese smarten Ziele habe ich nicht erreicht ....

....

....

....

....

....

....

....

Mögliche Gründe, warum ich die genannten smarten Ziele nicht erreicht habe

....

....

....

....

....

....

....

....

Dies sind meine neuen smarten Ziele für die nächsten drei Monate

....

....

....

....

....

....

....

....

....

....

....

....

....

....

....

....

WOCHENPLANUNG

	Montag	Dienstag	Mittwoch
Thema			
Bild(er) / Video (Dateiname)			
Text / Inhalt			
Link			
Hashtags			
Stories			

Donnerstag	Freitag	Samstag	Sonntag

WOCHENPLANUNG

	Montag	Dienstag	Mittwoch
Thema			
Bild(er) / Video (Dateiname)			
Text / Inhalt			
Link			
Hashtags			
Stories			

Donnerstag	Freitag	Samstag	Sonntag

WOCHENPLANUNG

	Montag	Dienstag	Mittwoch
Thema			
Bild(er) / Video (Dateiname)			
Text / Inhalt			
Link			
Hashtags			
Stories			

Donnerstag	Freitag	Samstag	Sonntag

WOCHENPLANUNG

	Montag	Dienstag	Mittwoch
Thema			
Bild(er) / Video (Dateiname)			
Text / Inhalt			
Link			
Hashtags			
Stories			

Donnerstag	Freitag	Samstag	Sonntag

WOCHENPLANUNG

	Montag	Dienstag	Mittwoch
Thema			
Bild(er) / Video (Dateiname)			
Text / Inhalt			
Link			
Hashtags			
Stories			

Donnerstag	Freitag	Samstag	Sonntag

WOCHENPLANUNG

	Montag	Dienstag	Mittwoch
Thema			
Bild(er) / Video (Dateiname)			
Text / Inhalt			
Link			
Hashtags			
Stories			

Donnerstag	Freitag	Samstag	Sonntag

WOCHENPLANUNG

	Montag	Dienstag	Mittwoch
Thema			
Bild(er) / Video (Dateiname)			
Text / Inhalt			
Link			
Hashtags			
Stories			

Donnerstag	Freitag	Samstag	Sonntag

WOCHENPLANUNG

	Montag	Dienstag	Mittwoch
Thema			
Bild(er) / Video (Dateiname)			
Text / Inhalt			
Link			
Hashtags			
Stories			

Donnerstag	Freitag	Samstag	Sonntag

WOCHENPLANUNG

	Montag	Dienstag	Mittwoch
Thema			
Bild(er) / Video (Dateiname)			
Text / Inhalt			
Link			
Hashtags			
Stories			

Donnerstag	Freitag	Samstag	Sonntag

WOCHENPLANUNG

	Montag	Dienstag	Mittwoch
Thema			
Bild(er) / Video (Dateiname)			
Text / Inhalt			
Link			
Hashtags			
Stories			

Donnerstag	Freitag	Samstag	Sonntag

WOCHENPLANUNG

	Montag	Dienstag	Mittwoch
Thema			
Bild(er) / Video (Dateiname)			
Text / Inhalt			
Link			
Hashtags			
Stories			

Donnerstag	Freitag	Samstag	Sonntag

WOCHENPLANUNG

	Montag	Dienstag	Mittwoch
Thema			
Bild(er) / Video (Dateiname)			
Text / Inhalt			
Link			
Hashtags			
Stories			

Donnerstag	Freitag	Samstag	Sonntag

Impressum

© 2019 Carmen Lichtenberg
1. Auflage

Herausgeber:
Carmen Lichtenberg
Andreasstraße 22, 65203 Wiesbaden, Deutschland

Druck: WIRmachenDRUCK GmbH
Mühlbachstraße 7, 71522 Backnang, Deutschland

Umschlaggestaltung, Illustration, Grafikdesign:
Weiß-Freiburg GmbH, Nicolas Weiß
Weiherhofstraße 12, 79104 Freiburg im Breisgau, Deutschland

ISBN 978-3-00-061757-7

Bibliografische Information der Deutschen Nationalbibliothek:
Die Deutsche Nationalbibliothek verzeichnet diese Publikation in der
Deutschen Nationalbibliografie; detaillierte bibliografische Daten
sind im Internet über http://dnb.d-nb.de abrufbar.